현대병의 세계!
〈내 몸을 살리는〉 시리즈를 통해 명쾌한 해답과 함께,
건강을 지키는 새로운 치료법을 배워보자.

건강을 잃으면 모두를 잃습니다. 그럼에도 시간에 쫓기는 현대인들에게 건강은 중요하지만 지키기 어려운 것이 되어버렸습니다. 질 나쁜 식사와 불규칙한 생활습관, 나날이 더해가는 환경오염⋯⋯. 게다가 막상 질병에 걸리면 병원을 찾는 것 외에는 도리가 없다고 생각해버리는 분들이 많습니다.

상표등록(제 40-0924657)이 되어있는 〈내 몸을 살리는〉 시리즈는 의사와 약사, 다이어트 전문가, 대체의학 전문가 등 각계 건강 전문가들이 다양한 치료법과 식품들을 엄중히 선별해 그 효능 등을 입증하고, 이를 일상에 쉽게 적용할 수 있도록 핵심적 내용들만 선별해 집필하였습니다. 어렵게 읽는 건강 서적이 아닌, 누구나 편안하게 머리맡에 꽂아두고 읽을 수 있는 건강 백과 서적이 바로 여기에 있습니다.

흔히 건강관리도 노력이라고 합니다. 건강한 것을 가까이 할수록 몸도 마음도 건강해집니다. 〈내 몸을 살리는〉 시리즈는 여러분이 궁금해 하시는 다양한 분야의 건강 지식은 물론, 어엿한 상표등록브랜드로서 고유의 가치와 철저한 기본을 통해 여러분들에게 올바른 건강 정보를 전달해드릴 것을 약속합니다.

내 몸을 살리는
해독주스

이준숙 지음

모아북스
MOABOOKS

저자 소개

이준숙 e-mail:milk5030@naver.com
현재 한국비만뷰티아카데미 이준숙 원장은 건강과 다이어트 관련 분야에서 다양한 강의를 펼치며 다이어트 코치로 활동해온 대한민국 최고의 다이어트 전문가이다, 2006년 한국다이어트코치협회를 설립하고 회장을 맡으며 MBC TV 「생방송 화제집중」, WOW한국경제TV 「1시간 다이어트 대담 프로그램」, 경인방송 4주간 「다이어트 상담」에 출연하였고, 조선헬스, 중앙일보 등에 언론기사 감수와 다이어트 비만 전문가로 활동 중이다.
저서로는 『의사가 당신에게 알려주지 않는 다이어트 비밀 43가지』, 『허브, 내 몸을 살린다』, 『다이어트 정석은 잊어라』, 외 다수의 저서가 있다.

내 몸을 살리는 해독주스

1판 1쇄 인쇄 | 2014년 05월 03일
1판 1쇄 발행 | 2014년 05월 10일

지은이 | 이준숙
발행인 | 이용길

발행처 | **모아북스** MOABOOKS
진행 | 이영철
관리 | 정 윤
디자인 | 이룸

출판등록번호 | 제 10-1857호
등록일자 | 1999. 11. 15
등록된 곳 | 경기도 고양시 일산동구 호수로(백석동) 358-25 동문타워 2차 519호
대표 전화 | 0505-627-9784
팩스 | 031-902-5236
홈페이지 | http://www.moabooks.com
이메일 | moabooks@hanmail.net
ISBN 978-89-97385-43-0   03570

해독주스의 놀라운 효능을 만나자

최근 심각한 질병인 암과 심장병, 당뇨병 등은 물론이거니와 두통, 아토피와 피부병, 불면증, 정서 불안 등 수많은 만성 질환들이 전 국민적인 문제로 떠오르고 있다. 암과 심장질환, 당뇨 등과 같은 규모가 큰 질병의 경우 적극적인 처방과 치료가 동반되는 반면, 소소하면서도 일상적인 질병들은 딱히 그 원인을 알 수 없으니 치료에도 어려움을 겪는다.

물론 정기적인 운동과 건강한 식생활 등 일상적으로 건강을 지키려는 노력들을 꾸준히 해나간다면 이런 질병들도 어느 정도는 해결될 수 있다. 하지만 직장생활이나 육아, 현대생활에 따라오는 다양한 압박 속에서 건강을 돌볼 시간을 내기 어려운 현실에서 생활습관을 통째로 바꾸는 일은 사실상 요원해 보인다. 이러한 상황에서 대부분의 사람들은 어떤 선택을 할까? 주변만 둘러봐도 쉽게 알 수 있듯이 병원을 찾아가 검사와 처방을 받는 것이다.

그러나 병원이라고 딱히 묘수를 내주는 것은 아니다. 이런 질병들과 맞닥뜨릴 때 병원 쪽의 가장 흔한 처방은 약을 꾸준히 복용하라거나 스트레스를 줄이라는 조언뿐이다. 적지 않은 질병들이 채 원인도 규명하지 못한 채 '신경성'으로 결론 나는 현실을 보라. 이런 질병들은 약을 먹을 때는 잠시 나아졌다가 약을 끊으면 다시금 재발하거나 어느 순간 약마저도 효과를 볼 수 없는 지경에 이른다.

그렇다면 이런 질병들은 어떻게 해결해야 할까? 생활습관을 바꾸지 않고서는 질병 치료를 기대해서는 안 되지만, 현실적으로 생활 전체를 뜯어고치기 어렵다면?

여기서 우리는 체내 독소에 주목해야 한다. 불과 10년 전만 해도 체내 독소는 큰 주목을 받지 못했지만, 최근 크고 작은 질병에 체내 독소가 관련되어 있다는 주장이 끊임없이 제기되고 있다. 다양한 환경의 오염과 스트레스, 불규칙한 생활습관 등이 몸 안에 독소를 축적시켜 질병을 야기한다는 것이다.

이 책은 바로 이 독소를 제거해 건강을 되찾는 해독요법의 일종인 '해독주스 건강법'에 대한 이야기다. 해독주스란 일종의 야채 스프로서 몸 안에 쌓인 독소를 빼주어 다이어트, 변비, 피부 미용 개선 등 다양한 효과를 가져 온다. 또한 부작용이 전혀 없어 남녀노소 누구나 쉽게 마시고 도움을 받을 수 있어 나날이 큰 인기를 끌고 있다.

나아가 이 해독주스는 질병 예방의 기본인 면역력 증진에도 놀라운 효과를 보인다. 면역력이란 우리 몸 안에 내제된 질병 방어 시스템으로서 면역력이 튼튼한 사람은 웬만해서는 질병에 걸리지 않고, 설사 병에 걸렸다고 해도 수술이나 약 처방 없이 스스로 병을 치유할 수 있다. 위에서 언급한 만성적 질병들 역시 이 면역력과 관계가 있는데, 면역력이 낮은 상태에서는 작은 질병도 만성화되기 쉬워 문제를 일으키며, 반대로 면역력이 회복되면 이런 질병들을 손쉽게 치유할 수 있는 것이다. 나아가 면역력 회복에는 몸 안의 독소를 배출하는 과정이 반드시 필요한 만큼 해독주스는 훌륭한 질병 치료법이 될 수 있다.

실로 해독주스의 독소 배출과 면역력 증진 효과는 이미 다양한 임상실험을 통해 증명되었을 뿐 아니라, 현재 많은 이들이 해독주스로 건강을 되찾고 있다. 처음에는 반신반

의했던 이들이 해독주스로 건강한 삶을 이어가고 있다는 것 자체가 하나의 임상 실험과 다르지 않기 때문이다.

물론 매일 해독주스를 챙겨 먹는다는 게 말만큼 쉽지는 않을 것이다. 하지만 매번 병원에 가고, 꼬박꼬박 약을 먹어야 하는 삶과 비교해보라. 세상 모든 일과 마찬가지로 건강한 삶 또한 그냥 얻어지는 것은 아니다.

실로 건강한 사람들은 자신의 몸을 소중히 하고 돌보는 데 인색하지 않은 경향이 있으며, 그렇게 건강을 유지해나가는 사람은 모든 일에서 긍정적이고 큰 성과를 낼 수밖에 없다.

수많은 병들이 난무하는 현대의 삶에서는 지금 내가 겪고 있는 작고 큰 질병들을 이기겠다는 마음, 병에 걸리기 전에 면역력을 증진시켜 내 몸을 질병의 요새로 만들겠다는 결심이 반드시 필요할 때다. 이 책은 해독주스의 놀라운 효능을 전하고, 일상 속에서 해독주스를 어떻게 활용해야 할지를 살펴본 책이다.

이준숙

1장 〉 내 몸을 살리는, 해독주스

1) 왜 해독주스인가?

우리 주변에는 수백 가지의 건강법이 있다. 거의 모든 건강법들이 각각의 효과를 가지는 만큼 일상 속에서 꾸준히 실천만 하면 질병을 예방하고 건강한 삶을 살 수 있다. 그러나 문제는 이를 꾸준히 따라하는 것이 쉽지 않다는 점에 있다. 대부분은 복잡하고 무리한 실천 방법, 지나친 비용 지출 등의 문제로 중도에 포기하는 경우가 부지기수다. 그렇다면 간편하고 쉽게 장기적으로 지속할 수 있는 건강법은 없을까?

여기서 최근 일본에서 엄청난 열풍을 일으키고 있는 야채스프 건강법을 주목해보자. 야채스프 건강법은 일본 치바 현 미쓰고 시의 한 병원에서 환자들에게 야채로 만든 수프를 마시게 해서 질병을 치료한 것에서 시작한다. 유기농 양파와 양배추, 당근, 호박을 잘게 다져 20분간 천천히 끓인 다음 그 물을 마시는 것이다.

단순히 야채를 삶아 마시는 것만으로 질병을 예방하거나 치료할 수 있다니 믿기 어려울 수도 있다. 하지만 오랜 임상 결과, 이 야채스프는 몸 안에 쌓인 여분의 찌꺼기와 독소를 몸 밖으로 배출시켜 주는 기능을 함으로써 당뇨와 고혈압은 물론 난치병 치료에 그 특효가 증명 된 바 있다.

일본에서 부는 야채 해독주스 열풍

우리 몸은 지방, 단백질, 탄수화물이라는 3대 영양소의 균형이 이루어져야 건강하다. 그런데 이 3대 영양소를 에너지화하는 데 필요한 것이 비타민과 미네랄이다. 그런데 이 3대 영양소와 미네랄, 비타민의 균형이 깨지면 몸속에 저장된 영양분이 에너지화 하는 데 문제가 생기고, 이것이 바로 질병이나 비만으로 이어지는 것이다.

야채스프를 마신 환자들이 탁월한 질병 호전 효과를 보인 것도 이 때문이다. 이 야채스프는 식사를 하기 어려운 암 환자들을 위해 만들어진 것으로, 야채스프를 매일 마신 환자들은 체중이 감량되고 활력을 되찾았을 뿐 아니라, 콜레스테롤과 혈당이 줄어들었다.

이는 야채스프에 포함된 파이토케미컬의 항산화 기능과 부족한 미네랄과 비타민을 섭취한 결과이다. 이 성분들이 내장지방을 빨리 연소시켜 몸의 독소를 배출하고 체중 감량 효과를 가져 온 것이다.

해독주스는 어디에서 시작 되었는가

나아가 위의 야채스프와 같은 원리로 만들어진 해독주스도 최근 큰 인기를 얻고 있다. 위에서 언급한 야채스프가 양배추, 양파, 호박, 당근을 사용했다면, 해독주스는 항산화 기능과 비타민, 미네랄 공급에 큰 도움이 되는 양배추, 브로콜리, 토마토, 당근, 바나나와 사과를 함께 갈아 섭취하는 형태이다.

특히 위에서도 언급했듯이 갈거나 잘게 썬 야채는 그 흡수율이 획기적으로 상승한다는 점에서 미국 암센터에서 암 환자들을 대상으로 식이요법을 진행할 때도 이 해독주스를 사용해왔다.

그렇다면 해독주스는 어떤 질병 호전 효과를 가져왔을까? 다양한 임상 실험 결과, 해독주스는 위장기능 저하, 대장 질환과 같은 질병 치료에 효과가 있을 뿐만 아니라 만성 피로, 간 기능 장애, 체중감량, 피부질환, 소화 장애, 천식 등의 광범한 질병에 효과가 있으며, 딱히 질병이 없더라도 해독주스를 꾸준히 음용하는 것만으로도 면역력을 높이고 질병을 예방하는 효과가 있는 것으로 나타났다.

그러나 무엇보다도 이 해독주스가 각광받은 것은 하루에 두 잔 마시는 것만으로도 효과를 볼 수 있는 간편함 때문이었다. 일상에서 손쉽게 실천하는 것만으로도 건강을 지킬 수 있다는 편리함이 더 큰 파급력을 가진 것이다.

2) 질병치료에 효과는 있는가?

해독주스를 꾸준히 섭취한 많은 이들이 질병 상태에서 벗어나거나 생활의 활력을 되찾는다. 이는 해독주스가 어떤 특정 질병에만 작용하는 것이 아니라 몸 전체의 건강에 영향을 미친다는 점을 보여준다.

그렇다면 해독주스는 각각의 질병에 어떤 영향을 미칠까? 다음은 해독주스가 개선하는 다양한 질병들에 대한 개

괄이다. 꼼꼼하게 읽고 내 건강은 어떤 상태이며 해독주스를 통해 어떤 부분을 개선할 수 있을지 체크해보도록 하자.

• 장 면역

대장의 건강은 장내 환경과 긴밀한 연관이 있다. 장에는 인체 대다수의 면역 세포가 형성되어 있는 만큼 장이 건강하면 장 내 유익균이 활발히 움직여 독소를 배출하면서 면역 체계가 튼튼해지지만, 반대로 장내 환경이 부패하거나 활성 능력이 떨어지면 유익균이 줄어들어 독소를 발생시키는 유해균이 자라게 된다.

해독주스는 강력한 항산화 물질을 가진 식물 성분이 다량 함유되어 있어 장을 해독하고 노폐물 배출에 도움을 준다. 또한 섬유질 등의 유익 영양소가 유해균과 독소를 끌어안아 몸 밖으로 배출해 장 청소를 도와주면서 면역력을 높이고, 변비 또한 해결한다.

• 암

해독주스는 미국의 암전문센터에서 개발한 영양식이다. 즉 암 치료에 일정한 치료 성과를 가져왔다는 의미이다. 미국 암전문센터에서는 극도로 몸이 약해져 음식 섭취가 어려운 환자들에게 하루 5잔에서 10잔 정도의 해독주스를 제공한다. 반면 일반 사람들은 하루 2~3잔의 해독주스면 충분한 유효 성분을 제공받을 수 있는데, 이는 해독주스 자체가 삶고 갈아내는 과정에서 흡수율을 높였기 때문이다.

특히 이 해독주스의 강력한 식물 성분들은 세포 개선과 암 유전자의 돌연변이 활성을 중단시키는 등 다양한 항암 효과를 한다. 이 시대를 살아가는 누구도 암에서 자유로울 수 없다는 점에서 하루 해독주스 2~3잔이 가져오는 암 예방 효과는 가히 놀랍다고 할 수 있을 것이다.

• 고혈압

고혈압은 과도한 육류와 지방 섭취, 스트레스, 운동 부족 등 다양한 원인으로 발생하는 현대병으로 이른바 활성산소와 유해물질로 인해 혈관이 녹슬어 생기는 병이라고 볼 수 있다.

해독주스에 들어가는 6가지 과채들에는 카로티노이드, 후라보노이드, 비타민, 칼륨과 같은 다양한 항산화물질들이 포함되어 있다. 이 물질들은 혈관 내의 콜레스테롤의 산화를 방지하고 혈압을 낮춰주는 역할을 한다. 한 예로 토마토와 당근에 풍부한 카로티노이드는 콜레스테롤 산화를 방지해 협심증 발병률을 50%나 낮춰준다.

• 당뇨

흔히 당뇨 하면 인슐린과 췌장의 문제를 떠올리기 쉽지만 결과적으로 당뇨는 장의 부패로 인해 생기는 질병이다. 여러 경로로 장내에 독소가 지나치게 쌓이면서 독소 배출 기능이 저하되어 면역 시스템이 망가진 결과인 것이다. 이렇게 면역 체계가 망가진 상태에서 인슐린만 주입하는 것은 시한폭탄을 안고 있는 것과 마찬가지인 데다가 당뇨의 경우 배독 통로가 모두 막혀 증상이 심해지는 경우가 많은 만큼 반드시 해독이 필요하다.

이때 해독주스는 높은 흡수율로 장내에 침투해 장내 부패를 막고 장을 활성화시키는 동시에 상처 치유를 돕는 식물 성분이 혈당의 안정에 도움을 준다.

• 비만과 다이어트

다이어트에서 가장 무서운 것은 요요현상이다. 아무리

운동을 굶어도 살이 빠지지 않는 이유는 체내에 독소가 가득 쌓여 있다는 신호이다. 독소는 체중을 조절하는 호르몬 분비에 문제를 일으킬 뿐 아니라 체지방에 쌓여 있다가 염증 반응을 일으켜 우리 몸 구석구석에 나쁜 독소를 전달하거나, 장기 사이에 층층이 쌓여 장기 손상의 원인이 되기도 한다.

따라서 이 체지방을 태우려면 독소 제거 음식을 함께 섭취할 필요가 있다. 신진대사를 원활히 만들고 독소를 흡착해 배출하는 영양소를 충분히 섭취해야 하는 것이다.

이때 해독주스를 꾸준히 마시면 여기에 함유된 다양한 독소 배출 물질들이 지방 친화적인 독성물질과 노폐물을 제거하고 배출해 신진대사의 에너지 효율성을 높여 장기적으로 체중 감량에 큰 도움이 된다. 또한 해독주스는 어느 정도 포만감이 있어 식사량이 줄게 되므로 절식 효과 또한 가져오게 된다.

• 피부미용

해독주스를 꾸준히 마시면 가장 먼저 일어나는 외모상의 변화는 바로 피부의 변화다. 실로 많은 이들이 해독주스를 마신 뒤 그간의 피부 트러블이 가라앉고 피부에 윤기가 돌기 시작했다고 말한다.

아토피와 건선, 여드름은 각기 증상은 다르지만 모두가 면역 체계가 깨져 나타나는 질병이다. 특히 피부는 자외선, 스트레스, 불건전한 음식 등에 많은 영향을 받는 만큼 해독 주스를 꾸준히 섭취하면 결핍된 영양소를 보충하고 스트레스와 자외선으로 인한 산화를 막아 피부 건강에 큰 도움이 된다.

3) 해독주스의 기능은 무엇이죠?

야채와 과일이 몸에 좋다는 사실은 누구나 알고 있다. 때문에 최근에는 야채와 과일의 이로움이 널리 알려져 많은 이들이 채식이나 야채 식단을 짜기 위해 노력하고 있다. 그렇다면 야채와 과일은 어떤 방식으로 우리 건강에 도움을 줄까?

사실 야채와 과일, 즉 과채가 우리 몸에 이로운 이유는 셀 수 없이 많다. 그러나 딱 한 가지를 먼저 꼽자면 인체 노화의 주범이라고 불리는 활성산소를 막아주는 항산화 물질이 풍부하다는 점을 들 수 있다.

활성산소란 자동차의 배기가스와 마찬가지로 인체 내에 생성되는 연소되지 못한 불완전 환원된 산소를 말한다. 이 활성산소는 공기 중 또는 음식물 등에 포함된 유해물질은 물론, 과격한 운동과 과식, 나아가 호흡을 하는 것만으로도 발생하는데, 지나치게 생성될 경우 세포에 산화 작용을 일으켜 돌연변이나 암의 원인이 되고, 체내 생리 기능을 저하시켜 각종 질병과 노화의 원인이 된다.

하지만 고맙게도 우리 몸에는 이런 활성화산소를 해독해주는 항산화 물질들이 일정 정도 분비되어 세포 파괴를 막아준다. 또한 이 항산화 물질이 충분히 만들어지는 동안에는 우리 몸도 건강할 수 있다. 문제는 환경오염과 화학물질, 자외선, 스트레스 등이 지나치게 우리를 공격할 때이다. 이 외부 자극은 우리 몸의 면역력을 극도로 떨어뜨려 항산화 물질의 생성 능력을 저하시키고, 이처럼 항산화 물질의 생성 능력이 떨어지면 인체는 활성산소를 감당하지 못해 산화를 일으키게 된다.

하지만 항산화 물질에는 한 가지 특징이 있다. 체내에서 자동으로 생성되기도 하지만, 동시에 식품으로도 섭취가 가능하다는 점이다. 항산화 물질이 풍부한 음식을 섭취하면 노화를 방지하고 질병을 예방할 수 있는 것도 그런 이유에서이다.

과채에 풍부한 항산화 물질이 포함되어 있다는 것은 이미 잘 알려진 사실이다. 대표적인 것이 카로테노이드(Carotenoid)인데, 이 물질은 과일과 채소에 풍부한 노랗고 붉은 천연 색소에 풍부하게 포함되어 있다. 이중에 하나는 베타카로틴(βcarotene)으로, 이 물질은 몸 안에서 비타민 A로 바뀌면서 몸 전체에서 항산화 역할을 한다. 고구마, 호박, 당근 같은 노란 빛의 과일과 야채에 풍부하게 포함되어 있다. 두 번째 카로테노이드는 라이코펜(Lycopene)이라는 성분으로 붉은 색소 형태를 띠며 노화를 방지하는 역할을 한다. 토마토, 수박, 자몽 등의 붉은 과일에는 이 라이코펜 성분이 풍부하다.

마지막으로 또 하나의 항산화 카로테노이드인 루테인(Lutein)은 시금치와 양배추 같은 녹색 채소에 풍부하게 포함되어 있다.

이 물질들의 유용성은 채소와 과일들이 강한 자외선에도 싱싱하게 자라는 것을 보면 확인할 수 있다. 강한 햇빛에 노출되고도 이 채소와 과일들이 건강하게 자랄 수 있는 것도 자외선의 공격을 막아주는 이 항산화 물질이 풍부하게 포함되어 있기 때문이다.

나아가 야채와 과일에 풍부한 후라보노이드라는 성분도 강한 항암 작용, 항산화 작용, 항염 작용을 한다. 바이오 후라보노이드란 동물성 식품에는 들어 있지 않은 식물성 영양소로, 최고의 항산화제 역할을 하며 활성산소를 제거하고 신체 대사 기능을 높여 젊음을 유지시켜준다.

과채가 장 면역력을 높인다

한편 섬유질 또한 과채가 우리에게 주는 특별한 선물 중에 하나이다. 잘 알려져 있다시피 섬유질은 면역력을 증강시키고 우리 몸에 불필요한 이물질이나 과산화지질을 흡착해 변과 함께 배출해 노화를 막아주는 대표적인 영양소로서, 면역력과 직결되어 건강에 지대한 영향을 미친다.

실로 대장은 우리 몸의 면역력을 좌지우지하는 기관이라

고 해도 과언이 아니다. 대장은 식도와 위와 소장을 통과한 음식물이나 이물질이 마지막으로 도달하는 곳으로서, 우리 몸 전체의 면역 세포 중에 무려 30%가 자리 잡고 있다. 또한 우리가 먹은 음식물의 각종 세균과 바이러스, 독소 등을 배출하고 유용한 영양분은 흡수하는 작용을 한다. 다시 말해 면역력을 높이려면, 장의 소화와 흡수력을 정상으로 유지하는 것이 무엇보다 중요하다.

그런데 만일 이 대장 내에서 부패가 일어난다면 어떨까? 실제로 장의 부패는 모든 질병의 근원이라고 알려져 있다. 장 부패란 장 안에 유해한 세균이 증가함으로써 장의 활성에 문제가 생기는 것이다.

장 부패는 한 순간에 일어나는 것이 아니라 서서히 진행된다. 인스턴트나 가공식품같은 유해한 식품을 장기간 섭취할 경우, 장 내 좋은 균은 줄어들고 유해균이 증가하면서 문제가 생긴다.

반면 장 내 환경에 유익한 식품을 꾸준히 섭취하면 장 내 부패를 방지하고, 유독한 세균의 성장을 막아 대장 내부를 청소해주는 유산균과 같은 좋은 균이 활성하게 된다.

특히 이 유산균을 잘 키워내기 위해서는 장 건강에 도움이 되는 식품을 섭취해야 하는데, 그중에 대표적인 것이 식이섬유다.

나아가 식이섬유가 우리 몸에 필요한 이유가 또 하나의 이유는 효소와의 연계작용 때문이다. 효소는 장의 대사 배설 활동 등 몸 안의 찌꺼기를 방지해주는 영양소인데, 장내 부패를 방지하고 장 청소를 진행하는 이 효소는 식이섬유와 만날 때 가장 좋은 효과를 보인다.

반면 효소가 아무리 왕성하게 노폐물을 분해해도 이것을 장 밖으로 배출해줄 식이섬유가 없다면 장 청소가 불가능해지는 만큼 음식물을 섭취할 때는 반드시 식이섬유가 풍부한 음식을 함께 섭취해야 한다.

그렇다면 이처럼 이로운 물질을 가진 과채를 보다 현명하게 섭취할 수 있는 방법은 없을까? 사실상 과채가 좋은 것은 알아도 매 끼니마다 이를 섭취하는 일은 쉽지 않기 때문이다. 이 부분은 다음 장에서 살펴보도록 하자.

4) 해독주스의 비밀은?

만일 여러 한계로 건강한 식습관을 유지할 만한 여유가 없다면 단 한 가지, 야채 섭취를 충분히 늘리는 것만으로도 큰 효과를 볼 수 있다는 것이 전문가들의 소견이다. 그러나 여러 이유로 야채 섭취가 어려울 때가 있다. 일단 시간에 쫓겨 제대로 된 식사를 하지 못할 경우 야채 섭취는 언감생심인 경우가 많지 않은가. 나아가 생야채를 먹으면 소화가 어렵다는 사람도 있다. 그렇다면 보다 손쉽게 야채를 섭취할 수 있는 방법은 없을까?

결론에 들어가기 전에 야채를 어떻게 섭취하는가에 따라 그 효능이 달라진다는 점에 주목해보도록 하자.

삶은 야채를 갈면 90% 이상 흡수된다

많은 이들이 야채 섭취에 대해 한 가지 불문율을 가지고 있다. 다름 아닌 '야채는 생으로 먹어야 한다'는 이론이다. 생야채는 식감이 좋을뿐더러 불로 조리하지 않아 비타민 C와 효소가 풍부하다.

그런데 여기서 한 가지 간과하는 부분이 있다. 바로 흡수율이다. 비타민 C와 효소 외에도 야채에는 다양한 유익 성분들이 풍부하다. 그런데 이 야채들을 무조건 생으로 섭취할 시 이 이로운 성분들의 흡수율은 약 5~10%에 불과하다. 비타민 C와 효소는 섭취할 수 있지만 나머지 이로운 성분들은 그대로 배출되어 버리는 것이다. 그렇다면 야채의 유익 성분을 그대로 흡수할 수 있는 방법은 없을까?

전문가들의 말에 따르면 생으로 먹을 시 속 더부룩함을 불러일으키고 소화흡수가 어려운 야채들을 삶아서 섭취할 경우 그 흡수율을 60%까지 높일 수 있다고 한다. 나아가 음식물의 입자가 작을수록 흡수율이 높아진다는 점에서 삶은 야채를 갈아서 섭취할 경우, 흡수율이 무려 90%까지 높아진다.

특히 야채에는 앞서 설명한 카로티노이드, 리코펜, 플라보노이드 등이 풍부하게 들어 있는데, 이 성분들은 열을 가해 삶았을 때 흡수율이 더 높아지게 된다. 특히 놀라운 해독 작용으로 주목 받고 있는 해독 주스의 경우 삶은 토마토, 브로콜리, 당근, 양배추가 주재료인데 이 야채들의 경우 삶고 갈아서 섭취할 경우 항산화 물질과 항암물질, 식이섬유소 등이 18배 이상 흡수할 수 있다.

한편 삶은 야채만 섭취할 때 비타민C와 효소의 부족이 염려된다면 생야채를 동시에 적절히 섭취해주는 것도 한 방법이다. 생야채는 비교적 손질이 쉽고 섭취 방법도 간단한 만큼 일상 속에서 얼마든지 섭취가 가능하기 때문이다.

2장 > 원인모를 질병, 알아야 치료 할 수 있다

1) 지금 우리 몸은 적신호가 켜졌다

현대생활은 필연적으로 몸과 정신을 혹사시키고 있다. 복잡한 업무와 인간관계에서 오는 피로, 인한 건강하지 못한 식생활, 정신적 압박 등은 건강했던 사람마저도 일종의 반 질병 상태로 밀어 넣는다.

이렇게 생겨난 질병은 그 종류도 다양해서 비교적 가벼운 증상에 해당되는 두통이나 변비부터, 심각하게는 우울증과 같은 정신질환, 불면증, 만성피로처럼 치명적인 형태로 발생되기도 한다. 나아가 이 반 질병 상태가 오래되면 완치가 힘든 당뇨병이나 심장과 심혈관 질환, 암으로까지 발전한다. 그렇다면 이런 반 질병 상태는 과연 어떻게 극복해야 할까요?

모든 의학전문가들이 입을 모아 하는 두 가지 말이 있다. 첫째는 "모든 병에는 그 병을 발생시킨 원인이 있다"는 말이다. 앞서 언급한 질병들은 흔히 '현대병'이라고 부른다. 그 이유는 다른 것이 아니다. 건강하지 못한 현대생활이 병의 원인이 되었다는 뜻이다. 상황이 이러하니 그 치료방법도 생활패턴을 교정하는 것에서 시작해야 한다.

그럼에도 현실은 그렇지 못하다. 많은 이들이 약이나 병원에만 의존하는 것이 안타까운 현실이기 때문이다. 심지어 최근 몸의 면역력을 높여준다는 면역주사가 대유행인데, 이는 우리가 장수와 건강에 대해 얼마나 잘못된 인식을 가졌는지를 보여준다. 면역주사 한 방만 맞으면 모든 병이 물러갈 것처럼 생각한다니, 불로초를 찾아다녔던 진시황의 불로장생의 망상과 무엇이 다른가?

심지어 병원 처방은 일시적 방편에 불과하다는 것을 알면서도 이를 멈추지 않는 이들이 더 많다는 사실도 안타깝다. 이들은 생활 패턴을 바꾸기 위해서는 엄청난 노력이 수반된다는 것을 질 알고 있으며, 그런 노력을 기울이기에는 너무 바쁘니 임시방편으로 통증을 덜려고 한다.

의학전문가들이 강조하는 두 번째는 질병은 결국 면역력이 약화된 결과이며, 면역력을 약화시키는 요인은 한두 가지만이 아니라는 점이다.

면역력이란 인류가 처음 태어난 이래 온갖 질병들과 싸우며 체내에 갖추어놓은 강력한 방어 체계를 의미한다. 즉 우리 인체에 본래부터 자리 잡고 있는 건강의 파수꾼이자, 질병과 싸우는 가장 강력한 군대이며, 아프거나 고장 난 곳을 수리하는 최고의 의사다. 실제로 많은 의사들이 이 면역력만 제대로 강화시키면 병 걱정을 할 필요가 없다고 말한다.

전 세계를 들끓게 한 신종플루를 보자. 똑같이 신종플루에 노출되어도 누구는 병에 걸리는가 하면, 누구는 걸리지 않았다. 어떤 사람은 심하게 고열을 앓고 목숨까지 잃는 반면, 어떤 사람은 가벼운 감기처럼 겪고 지나간 것이다.

다시 말해 같은 환경에서도 면역력이 강하면 질병이 발병할 틈이 없지만, 면역력이 약해지면 사소한 질병들에도 무너지게 된다.

따라서 질병의 시작을 막는 가장 좋은 방법은 백신이나

약이 아닌 이 방어체계를 튼튼히 구축하는 일이 될 것이다.

나아가 이는 매일매일 우리 몸을 어떻게 관리 하느냐에 따라 우리 건강의 수준도 달라진다는 것을 보여준다.

매일 매일 나쁜 습관을 행하며 사는 사람보다는, 매일 매일 바르고 건강하게 보낸 사람이 훨씬 건강할 수밖에 없다. 우리 몸의 면역력은 어느 날 갑자기 향상되거나 추락하는 것이 아니라 작은 생활습관들이 모여서 만들어내는 결과물이기 때문이다.

나아가 무질서한 현대생활이 우리 몸이 타고난 면역력을 제대로 발휘할 수 없게 만들고 있다는 것도 큰 문제이다. 환경오염과 식습관의 변화, 잘못된 생활습관 등이 우리 몸의 면역 균형을 무너뜨리고 있는 것이다.

그렇다면 이런 상황에서 과연 우리가 할 수 있는 일은 무엇일까?

2) 병원치료만이 해결법은 아니다

인체에 면역력이 없다면 심지어 감기만 걸려도 목숨을 잃는다. 에이즈가 무서운 이유도 그래서다. 에이즈는 면역체계를 무너뜨리는 질병으로서 증상이 심각해지면 감기와 같은 작은 질병에도 목숨을 잃는다.

여기에 더 놀라운 사실이 있다. 비단 감기뿐만 아니라, 우리가 흔히 알고 있는 암과 당뇨 같은 현대병, 나아가 사소한 다른 질병들도 결국은 면역력이 무너져 생긴 병이라는 점이다.

그럼에도 현실은 어떤가? 대부분의 사람들은 몸에 이상이 생겼을 때 무작정 병원을 찾아가는 쪽을 택한다.

병의 원인을 찾아 치료할 생각은 않고, 온갖 치료법과 약들을 동원해 통증만 덜려 한다. 무리한 항암치료, 항생제의 남용과 오용, 다양한 주사제의 부풀려진 효능 등도 바로 이런 병원만능주의에서 생겨난 것들이다.

우리 몸에는 기본적인 치유 능력이 있다

병원만능주의가 판을 치는 지금의 상황에서 대체요법은 한 줄기 희망을 보여준다. 최근 한국한의학연구원 침구경락연구그룹 최선미 박사팀이 진행한 조사에 의하면 우리나라 국민 10명 중 7명은 민간요법이나 대체의학을 이용한 경험이 있는 것으로 나타났다.

대체의학이란 쉽게 설명하면 우리 조상들이 병을 치료할 때 사용했던 질병 치료법으로 주변의 꽃과 잎사귀, 씨앗이나 뿌리 등을 자연에 존재하는 음식물과 환경, 식물 등을 폭넓게 사용해 인체 자연치유력을 키워 내는 의학이다.

나아가 드러난 증상만을 치료하는 대증요법이 주 골격인 현대 서양의학과 달리, 몸 전체의 리듬과 흐름을 조정해 인체 면역력을 강화함으로써 근원적인 치료를 도모한다.

한 예로 우리나라에서 사상체질로 유명한 이제마 선생과 명의 허준 등도 엄밀히 말하면 대체의학자로 볼 수 있으며, 이처럼 다양한 대체요법들이 나날이 각광 받고 있다는 것은 더 이상 질병 치료에 민간요법과 대체의학을 배제할 수 없는 시대적 흐름을 반영하고 있다.

그렇다면 이 자연요법은 어떤 이들이 무슨 이유로 이용하려고 하는 걸까? 그 이유는 사람마다 다양하다.

병실에 누워 옴짝달싹도 못하는 것이 싫어서, 약을 한 움큼씩 먹어야 하는 것이 싫어서, 수술 없이도 질병을 고치고 싶어서 등등이 이 환자들이 대체의학을 찾는 이유다.

그렇다면 대체의학은 어느 정도 신빙성이 있을까?

최근 메이오클리닉 의료진의 조사에 따르면 많은 서양의학 의사들 또한 자연치료법, 이른바 대체치료를 신임하는 것으로 나타났다. 이는 미국의 의학전문대학 중에 64%가 대체의학을 가르치고 있다는 사실에서도 확인된다.

또한 미국뿐만 아니라 의료 선진국이라 불리는 유럽과 일본, 나아가 우리나라에서도 서서히 대체의학을 서양의학과 병합시켜 통합의학이라고 부르며 그 가능성을 인정하고 있다. 여기서의 통합의학이란 그 안정성과 효능에 대해 충분히 연구가 이루어진 자연의학 요법을 서양의학에 접목시킨 것으로, 약과 수술이라는 극단적 선택 대신 몸의 자연치유력을 키워 치료를 보완하는 방식이다.

이런 면에서, 최근 많은 병원들이 통합치료를 시행하며

서양의학과 대체의학의 접합점을 찾아가고 있다는 것은 긍정적인 현상이다. 만일 자연치료로 질병을 고치겠다고 결심했다면, 자신의 선택에도 신뢰를 가져봄직하다. 검진과 병의 진행 과정 상담과 같은 부분은 서양의학의 병원을 이용하고, 생활 속에서는 대체의학이 권하는 건강법을 따르는 식이다.

다만 여기서 우리는 '내 몸은 어디까지 나의 것이라는 점'을 되새겨야 한다. 내 질병을 치료할 방법을 찾는데 쉽게 현혹되거나 휩쓸리는 대신 잘 알려진 다양한 치료법들을 스스로 살펴 선택하는 것이 중요하다.

선택을 하고 나면 의지가 굳어지고, 때로는 그 의지가 기적을 낳기 때문이다. 나아가 질병에 걸리기 전에 건강과 질병에 대한 지식을 충분히 쌓아 자신의 건강을 보호하는 혜안도 필요하다.

그렇다면 나날이 최첨단 의학이 발전하고 있다는 지금 같은 시대에 왜 우리는 오히려 수많은 질병에 시달리게 되었을까 하는 점도 짚어봐야 한다. 다음 장을 연이어 보자.

3) 문제는 유해 환경이다

　인체는 생명활동을 유지하기 위해 각각의 기관들이 정교하게 연결되어 움직인다. 한 예로 음식물이 들어오면 입에서 저작활동을 한 뒤 잘게 쪼개진 음식물을 위로 보낸다. 위에서 소화된 음식물은 영양소를 취한 뒤 대장으로 흘러 들어가고, 이 과정에서 오염된 물질을 간과 신장이 해독 정화한 다음 남은 찌꺼기는 대장을 통해 배설된다.

　이처럼 정교한 프로세스를 가진 인체에 질병을 막는 장치가 없을 수 있을까? 어머니로부터 건강한 신체를 받아 태어난 이상 인체가 애초부터 병들 리는 만무하다.

　왜냐하면 인체는 외부에서 유입되거나 내부에서 생성된 독소나 오염물질을 일정 정도 해독하는 능력을 갖고 태어났기 때문이다.

유해 독소의 문제

　문제는 현대사회에 존재하는 수많은 독소 환경이다. 물과 공기의 오염, 포화 상태의 쓰레기, 서구화된 식습관, 인스턴트식품의 범람 등 우리를 공격하는 독소의 종류는 셀 수 없이 다양하다. 이런 상황에서 자신의 건강을 충실히 돌보지 않는다면, 지속적으로 다양한 독소들이 체내로 유입됨으로써 인체 본연의 해독 능력에 과부하가 걸릴 수밖에 없다. 나아가 자연치유력에 과부하게 걸리면, 그때 남는 결과는 질병뿐이다.

또 하나, 같은 환경 이라도 모두가 똑같이 병에 걸리는 것은 아니라는 점도 알아야 한다. 어떤 사람은 다른 이들보다 증상이 심하고, 반대로 질병 증상이 전혀 나타나지 않는 경우도 있다. 이는 독소의 침입과 축적을 막아내는 면역력이 사람마다 다르기 때문이다. 건강한 생활습관과 식습관으로 자연치유력을 최대한 키워 독소와의 전쟁에서 승리한 사람은 그렇지 않은 사람에 비해 건강할 수밖에 없는 것이다.

결국 질병에 걸렸다는 것은 내 몸 안에 처치 곤란한 독소가 잔뜩 쌓여 면역력이 무너졌다는 신호와 다르지 않다. 따라서 이 독소의 존재에 관심을 기울이지 않는다면 치료도 어려워진다.

한 예로 아토피나 천식, 만성두통 등의 원인불명의 질병들을 보자.

단언컨대 이 질병들은 단순한 약물 복용만으로는 절대

치료가 불가능하다. 아니, 독소로 인해 면역력이 약화된 상태에서 무분별한 약물 투여는 오히려 상황을 악화시킬 수 있다.

이 과정에서 제일 먼저 해야 할 일은 몸 안에 축적된 독소를 제거해 해독 기관의 정상화를 돕는 일이다. 만일 이것을 건너뛰고 약에 의존한다면, 약으로 인한 독소가 2차적으로 면역력을 파괴할 수 있음을 명심해야 한다.

하지만 아직도 많은 이들이 독소의 존재에 관심을 두지 않거나, 이에 대해 무지한 것이 현실이다. 그렇다면 과연 무엇을 알고, 어떻게 대처해야 하는지 연이어 살펴보자.

유해 환경에서 벗어나야 한다

많은 이들이 지구의 환경오염에 무감각하게 반응한다. 내 주변에서 일어나는 일만 아니라면 아무래도 괜찮다는 식이다.

하지만 지금부터는 뉴스나 언론에서 경고하는 심각한 환경오염을 진지하게 받아들일 필요가 있다. 이 오염들은 단순히 땅이나 강만을 오염시키는 것이 아니라, 우리 몸까지 오염시켜 수많은 질환을 불러오기 때문이다. 나아가 산소의 오염을 뜻하는 대기오염과 물의 오염을 뜻하는 수질오염 등 널리 알려진 오염 외에, 아토피와 천식처럼 유해 화학물질에 의한 오염 등의 새로운 오염군도 있음을 인지해야 한다. 또한 스트레스와 과로도 독소를 발생시켜 우리 몸의 면역력을 파괴한다는 점에서 새로운 오염군으로 볼 수있다. 매일 커다란 중압감이나 정신적 자극을 겪으면 가장 먼저 호르몬 균형이 무너지고, 이로 인해 부신이 비대해지거나 위와 십이지장에 궤양이 나타나는 1차적 파괴, 나아가 호르몬뿐만 아닌 자율신경조절과 면역까지 담당하는 뇌의 시상하부가 망가지는 2차적 파괴가 일어난다.

그런가 하면 과로 또한 면역력 파괴의 주범이다. 본래 인간의 몸은 해가 뜨는 시간에 교감신경 우위 상태가 되고, 밤이 되면 부교감신경 우위 상태가 되어 잠이 들게 된다. 즉 낮에는 충실했던 면역 시스템도 밤이 되면 휴식을 취한다. 따라서 밤샘 등을 자주 할 경우 자율신경 균형이 무너져 면역 균형도 무너지게 된다.

이런 오염에 대비하는 방법은 사실 간단하다. 최대한 공기와 수질, 유해물질의 노출에 신경 쓰고, 그렇지 못한 환경이라면 정기적으로 물과 공기가 맑은 곳을 찾아 유해환경으로부터 쌓인 체내의 독성물질을 배출하고 해독하는 것이다. 하지만 이것이 현실적으로 쉽지 않다면 다른 대안을 모색해야 한다. 다음 장을 보자.

4) 독소를 빼면 병은 낫는다

최근 불고 있는 해독 열풍은 결국 생활을 점검해서 건강을 되찾자는 웰빙의 취지로 시작된 것이다. 과거 우리 생활은 자연과 밀착한 상태로 유지되었다. 밭을 갈고 땅에서 난 음식물을 먹고, 불필요한 화학 물질을 흡입하거나 사용할 필요도 없었고, 대부분의 생활 용품들도 자연에서 온 것들을 직접 만들어 사용했다.

그러나 지금은 어떤가. 당장 주변을 둘러봐도 화학물질이 사용되지 않은 물건을 찾아보기 어렵다. 온갖 플라스틱 제제의 주방용품이나 사무용품들, 화학 물질 덩어리인 화장품, 음식에 따라 들어오는 농약 잔류물들, 설거지한 그릇에 남아 있는 세제 성분, 음식에 포함된 화학조미료 등등 어디서나 화학 물질의 공격에 노출되어 있다.

뿐만 아니라 나날이 심해지는 미세먼지와 도심의 매연

들, 철마다 떠도는 악성 바이러스까지 수많은 독소물질들이 체내에 축적되어 질병을 일으키고 있음에도 이런 독소물질의 유해성을 깨닫고 있는 사람이 많지 않다는 점은 안타깝다.

질병은 독소의 염증반응

몸에 질병이 찾아오는 것은 결국 인체의 해독 기관들이 독소와의 싸움에서 패배해 제 기능을 못할 만큼 망가졌다는 증거다. 특히 인체 최대의 해독 기관인 간의 경우가 그런데, 일단 망가지면 다시 회복이 어려울 만큼 돌이킬 수 없는 상태가 된다. 간은 체내로 유입하는 독들이 다른 장기에 퍼지지 않도록 모아두는 역할을 한다. 그런데 이렇게 간에 갇힌 독소가 그대로 머무는 것은 아니다. 간의 세포마다 스며들어 다양한 염증 반응을 일으키고, 이 염증이 장기화되면 간이 제 기능을 잃고 다양한 질병이 발생하게 되는 것이다. 마찬가지로 간뿐만 아니라 몸 전체에 쌓인 독소들 역시 염증 반응을 일으키게 되는데, 이처럼 독소로 인해 발생하는 질병은 종류가 매우 다양하며, 따라서 독소가 제거되기까지는 치료가 매우 힘들다고 할 수 있다.

한 예로 현대인을 괴롭히는 대표적 질병인 당뇨와 고혈압, 고지혈증 등도 일차적으로는 해독이 절실한 질병이다. 고지혈증의 경우는 일종의 독소인 저밀도 저단백 콜레스테롤 수치가 높아져 생기는 병으로, 산화된 지방이 체내에 쌓이면서 내장 기관들의 중요한 통로들이 막혀 무기력증과 만성 피로, 두통 등을 불러온다. 특별히 아픈 곳에 없는데 피로가 심하고 두통을 호소하는 경우 콜레스테롤 수치가 매우 높은 경우가 많다. 당뇨병도 기름진 음식과 지나친 외부 독소의 침입과 인체 독소 배출 기능의 저하가 만들어낸 병이다. 특히 당뇨 독소는 열을 동반해 갈증을 호소하는데, 이는 외부 독소들이 면역 시스템을 망가뜨려 인체를 구성하는 진액 생성 기능이 마비되었기 때문이다. 특히 당뇨는 배독 통로가 심하게 막혀 생기는 병이므로 반드시 해독이 필요하며, 반면 체내에 독소가 가득한 상태인데 무작정 약만 복용하다가는 화학 제재로 인한 독소까지 겹칠 수 있다.

비만 또한 대표적인 독소 질환으로 구분해야 하며, 단순히 조금 먹고 운동하는 것만으로는 극복할 수 없다. 배독이론에서 비만은 지나친 열량이 체내에 지방 독소를 만들면서 발생한다고 보는데, 이때 체내 배독 통로의 기능을 회복하여 체내에 잔류하고 있던 독소를 몸 밖으로 배출하면 비만도 자연스럽게 치료된다.

비우고 다시 채우는 영양균형

나아가 해독은 단지 독소를 제거하는 일 이상이다. 기본적으로 해독에는 두 가지 과정으로 이루어진다. 첫째는 비우기, 둘째는 채우기다. 처음에는 독소를 배출해 몸 안을 깨끗이 비우고, 그 다음에는 좋은 영양분을 공급해 채우기 과정까지 성실히 이행해야 한다.

한 예로 내가 먹는 음식이 나를 만든다는 말이 있다. 무엇을 먹는가에 따라 우리 몸도 바뀐다는 뜻이다. 신경 써서 짠 식단은 우리 몸 곳곳에 영양분을 공급해 새 살을 돋게 한다. 즉 진정한 해독을 위해서는 '일단 비우고 끝!' 이 아니라 그 비운 자리에 어떤 영양소를 꾸준히 채워 넣을 것인가에 대한 고민도 함께 해야 하며, 이런 취지에서 해독주스는 비우기와 채우기를 동시에 진행할 수 있는 가장 이상적인 해독 요법이라고 할 것이다.

그렇다면 일상 속에서 실천할 수 있는 해독요법은 무엇무엇이 있는지 연이어 살펴보도록 하자.

1) 생활 속에서 실천하는 전방위 해독법

현대인들에게 해독은 가장 중요한 건강 키워드라고 해도 과언이 아니다. 실로 많은 질병들이 몸 안의 독소로 인해 발생한다는 점에서 건강을 지키려면 필수적으로 디톡스가 병행되어야 한다. 실제로 해독을 지속적으로 실천하는 이들은 하나같이 그 효과에 놀라워한다. 특히 자신도 모르던 병을 발견해서 치료하게 되는 경우가 많은데, 그 이유는 간단하다. 평소 큰 질환에 시달리며 그에 따라오는 작은 질병을 인지하지 못하다가 오히려 몸이 좋아지면서 자신이 그간 불편하게 느꼈던 부분을 깨닫게 되는 것이다.

한 예로 100kg이 넘는 거구일 경우 외적으로 보면 그의 병명은 '비만'이겠지만, 정밀한 검진을 받아보면 비만이라는 '표제' 아래 고혈압, 고지혈증, 심혈관질환, 당뇨, 간 질환 등 수많은 '부제' 들이 붙어 있는 경우가 많다.

해독은 삶을 바꾸는 일이다

내 몸이 질병을 앓고 있다는 것은 결국 몸 전체의 면역력이 무너졌다는 신호이며 따라서 다른 질병 또한 잠재되어 있는 경우가 많다. 이는 많은 질병들이 합병증을 동반하는 것만 봐도 알 수 있다. 이때 해독은 단순히 하나의 질병만을 치료하는 것이 아니라 몸 전체의 면역력을 높이는 일이 된다.

인스턴트식품과 가공식품을 자주 먹다가 건강한 유기농 식품, 채식 위주로 식단으로 바꾸면 달라지는 건 체중만이 아니다.

류머티즘과 관절염, 두통, 생리통, 심지어는 고혈압과 당뇨, 암과 같은 극단적인 질환도 반드시 차도를 보일 수밖에 없다. 이는 음식을 통한 해독이 면역력의 균형을 바로잡아 신체 본연의 자연치유력을 극대화시키기 때문이다.

나아가 삶에 대한 의지도 달라질 수밖에 없다. 해독요법을 하고 생활습관을 바로 잡는 일은 결과적으로 나를 사랑하는 일이며, 바르고 건강한 삶을 실천하겠다는 의지의 표

명이다. 평소 무기력하던 사람이 해독 요법을 진행하면서 긍정적인 마음가짐을 얻는 것도 이 때문이다.

중요한 것은 해독 요법을 일회성으로 여기는 대신, 삶 전체의 방향으로 굳혀 매일 매일 실천해가는 것이다. 이처럼 내 몸을 누구보다 아끼고 사랑하는 사람의 삶에는 결코 질병이 들어올 틈이 없게 마련이다.

전 방위 해독이 중요하다

해독요법은 몸 내부를 깨끗이 씻어내는 작업인 동시에, 주변의 독소 환경을 제거하는 일 또한 필요하다. 체내에 유입되는 독소는 대부분 음식으로부터 발생하지만, 동시에 사용하고 있는 생활용품, 생활환경의 독소 또한 주의해야 할 대상이다.

한 예로 아토피를 앓고 있는 경우 해독요법을 통해 꾸준히 장의 면역을 기르는 동시에 평소 사용하던 화학제품을 줄이고 독소 환경을 개선하면 훨씬 좋은 효과를 볼 수 있다. 마찬가지로 만병의 근원이라는 비만도 환경 독소와 음식 독소를 조심하고 해독에 힘쓰면 반드시 좋은 결과가 나온다.

가장 주의해야 할 환경 독소는 음식 다음으로, 일상적으로 사용하는 생필품이다. 매일 얼굴에 바르는 화장품은 물론, 빨래를 세탁하는 세제, 설거지를 하는 주방 세제, 나아가 치약과 비누 등에는 계면활성제를 포함한 다양한 화학 용해물질이 포함되어 있다. 이런 화학물질들은 피부에 직접 닿아 빠르게 흡수되면서 혈관을 타고 장기 조직이나 지방에 축적되어 독소를 뿜는다.

나아가 방향제나 살충제 등도 위험 물질과 다름없다.

실로 해독 전문가들은 화학물질이나 항생물질 등이 발생하는 유해 독소가 상상 이상으로 큰 위협이 될 수 있음을 수차례 경고해왔다.

하나하나 따지다보면 대체 뭘 먹고, 뭘 쓰겠냐고 말할 수도 있겠지만, 심각한 질병이 우리 삶에 가져오는 번거로움에 비하면 아무것도 아니다. 나아가 생활 방식도 결국은 하나의 습관인 만큼 최대한 독소를 방지하고 줄이는 것을 습관화하면 그다지 어려운 것도 아니다.

독소의 해악은 한 순간에 나타나는 게 아니다. 쌓이고 쌓여 둑이 터지듯 질병을 불러온다. 작은 균열이 난 댐은 얼마든지 공사가 가능하지만, 둑 자체가 무너지면 보수가 불가능하다. 조금이라도 건강할 때, 내 주변을 둘러볼 여력이 있을 때, 독소의 위험을 충분히 인지하고 대비하는 것이 중요한 것도 그런 이유에서다.

2) 해독과 질병과의 관계성 살펴보기

최근 수많은 아이들과 성인들이 아토피에 시달리고 있다. 그렇다면 일반적인 아토피 치료는 어떻게 이루어지고 있을까?

가장 대표적인 아토피 치료는 스테로이드 제제를 통해 진행된다. 알려져 있다시피 스테로이드 제제는 장기간 사용할 경우 인체 면역력 균형을 무너뜨려 몸 자체가 가진 자연치유력을 앗아간다. 그럼에도 왜 현대의학은 이 위험한 물질을 아이들의 치료제로 사용하는 것일까?

이 상황은 현대의학의 근시안적인 질병 치유 루트를 단적으로 보여준다고 볼 수 있다.

현대의학은 아토피가 대표적인 면역 질환인 만큼 면역력 회복을 도모해야만 낫는 병이라는 점을 무시하고 있는 것이다.

한 예로 아토피 질환을 앓고 있는 환자들의 경우 공통적으로 장 기능이 약화되어 있음을 볼 수 있다.

따라서 약제를 투약하는 공격적인 치료가 아니라도 장의 건강을 되살려 면역력만 높여주면 질환의 상당 부분이 개선되는 결과를 볼 수 있다.

특히 장을 약하게 만드는 주된 요인은 음식물로 섭취하거나 환경에서 오는 독소 인데, 이런 독소들은 장내 유해세균을 증가시켜 장 내 환경의 질을 떨어뜨리는 만큼 음식과 환경을 조심하고 장 해독을 실시해 면역력을 회복할 필요가 있다.

당뇨와 암, 비만, 해독이 필요한 병이다

당뇨병의 경우 혈당에 문제가 생겨 발생하는 병이지만 근원적으로는 장내 부패가 큰 원인이라고 알려져 있다.

따라서 당뇨병에 걸렸다면 우선적으로 치명적인 고단백 ·고지방 식품을 멀리하고, 과일과 야채를 많이 섭취해 장 내 부패를 막는 해독요법을 실시하면 월등한 증진 효과를 볼 수 있다.

우리가 가장 두려워하는 질병 1위인 암도 마찬가지이다. 암은 현존하는 질병 중에 가장 고치기 힘든 난치병으로 알려져 있는데, 그 원인으로 식습관 문제와 스트레스, 유전적 문제 등이 복잡하게 지적되지만, 근본적으로는 유해 물질로 인한 몸의 노화가 원인이다.

치명적인 독소들이 여러 경로로 유입되어 체내 대사 활동이 둔해지고, 이로 인해 체내에 암모니아 질소 대사물이 발생하고, 이 대사물이 강력한 발암물질인 니트로소아민 등을 만들어낸 결과인 것이다. 따라서 적절한 해독요법으로 대사량을 늘려 독소를 배출하면 암의 치료와 예방에 큰 도움이 된다.

비만도 마찬가지이다. 만병의 근원이라고 부르는 비만은 독소로 인해 생겨나는 경우가 많지만 독소와 비만의 관계에 대해서 아는 이들이 많지 않다.

비만이 만병의 원인인 가장 큰 이유는 과도하게 축적된 지방 세포에 독소가 대량으로 쌓여 있기 때문이다.

이렇게 지방 세포에 가득 쌓인 독소는 혈관을 따라 온몸의 장기에 흐르며 염증 반응을 일으키고 대사 능력을 떨어뜨릴 뿐만 아니라, 지방세포에 단단히 들러붙어 지방세포의 분해를 방해하면서 점차 살이 찌기 쉬운 체질로 변하게 된다.

다이어트를 할 때 단순히 절식과 운동만으로는 살을 빼기 어려운 이유도 여기에 있다.

지방세포에 촘촘하게 쌓인 독소를 제거하지 않고는 살을 빼기 어려우며, 설사 살을 뺀다 해도 요요현상이 찾아오기 때문이다. 따라서 비만 치료는 몸속의 독소를 먼저 빼냄으로써 지방세포의 분해를 가속화시키는 과정이 꼭 동반되어야 효과를 볼 수 있다.

또한 음식물에서 지방을 섭취하는 것도 조심해야 하는 이유도 여기에 있다.

육류를 섭취할 때 지방 부분을 함께 섭취하게 되는데, 이 지방 부분에는 환경호르몬이나 여타 독소가 가장 많이 쌓여 있기 때문이다.

따라서 육류를 먹을 때는 지방질을 잘 제거해 먹고, 평소 지나친 육류 섭취를 삼가야 한다.

독소가 불러오는 질병, 무엇이 있는가?

● 만성피로증후군

인체는 섭취한 음식물에서 일상생활에 필요한 에너지를 쓴 다음 불필요한 노폐물은 체외로 배출 한다.

이 역할을 하는 것이 배설인데, 이 배설에 직접적으로 관여하는 장기들이 제 기능을 하지 못하면 노폐물들이 몸속에 쌓여 부패하면서 건강을 해치는 독소가 된다.

이 독소들은 몸 속 곳곳에서 염증을 일으키고 신진대사를 방해하는데, 만성피로증후군은 독소의 신진대사 방해 작용으로 인한 대표적인 질환으로 무기력감, 졸음, 피로 등을 몰고 온다.

● 두통

두통은 여러 요인이 있으나 그중에 가장 큰 것은 오염된 혈액으로 인한 장내의 오염이다. 장이 오염되면 가스가 차고 내압이 증가하게 되는데 이것이 전신으로 퍼지면 두통을 불러오는 것이다. 두통 환자들 중에 많은 수가 어깨 결림, 식욕부진, 트림, 변비 등을 함께 앓게 되는 것도 이런 이유 때문이다.

이때 해독요법을 통해 장의 독소 배출을 두우면 혈액의 오염을 막아 이로 인한 전신 통증, 나아가 두통을 다스릴 수 있게 된다. 비단 장내 오염뿐만 아니라 위장에 문제가 생기는 위장장애도 비슷한 기전으로 치료될 수 있다.

● 피부질환

독소 배출에 문제가 생길 시 가장 먼저 드러나는 병증 중에 하나가 피부 질환이다. 피부는 건강의 창(窓)이라 불릴 만큼 우리 건강 상태를 눈으로 보여준다.

독소가 정체되어 배독이 막히면 피부가 거칠어지고, 심할 경우 크고 작은 염증이 생길 수 있다. 실제로 독소로 인한 피부 질환은 독소를 제거하는 해독요법을 하면 서서히 사라지며, 얼굴색이 맑아지는 미용 효과도 볼 수 있다.

3) 해결법은 먹는 것부터 바꿔야 한다

사실 독소 물질로부터 벗어나 건강을 되찾는 가장 좋은 방법은 자연환경이 좋은 곳에서 친자연적인 생활을 하는 것이다. 주변만 봐도 도시를 떠나 시골로 돌아가 건강을 되찾은 사람이 많다는 것은 자연의 힘이 우리에게 크나큰 회복력을 선물해준다는 것을 보여준다.

그러나 현실적으로 불가능하다면, 앞서 말했듯이 일상적인 생활 속에서 독소를 줄이는 생활습관을 가져야 한다. 하지만 이것만으로는 부족할 수 있다. 그간의 생활로 우리 몸에는 이미 상당량의 독소가 쌓여 있고, 앞으로 살아가는 동안 얼마나 많은 독소들이 쌓일지 알 수 없기 때문이다.

따라서 진정한 해독은 외부적인 독소 환경을 줄여나가는 동시에 오랜 세월 동안 내 몸에 축적된 독소도 조금씩 내보내는 일이 되어야 한다. 그렇다면 이 독소들은 어떻게 내보낼 수 있을까? 그 답을 간단히 말하자면, 하루에 3번 먹는 식단에 그 답이 있다.

많은 전문가들은 인체가 가장 많은 독소를 취하는 유입 경로로 음식물을 지적한다. 실로 대형 마트에 가보면 아주 놀라운 광경을 보게 된다. 빼곡하게 진열된 가공식품과 인스턴트식품의 어마어마한 종류에 일단 놀라고, 장을 보는 이들의 장바구니에 그런 식품들이 가득가득 담겨 있다는 사실에 또 한 번 놀라게 된다.

식습관은 우리 삶의 근본을 이루는 뼈대다. 우리의 몸은 정직해서 먹는 것만큼 건강해지거나 나빠진다. 우리 몸에 유입되는 다량의 독소 대부분이 음식물을 통해 들어온다는 지적을 감안하면, 이런 음식들을 얼마나 먹는가가 건강과 질병에 직접적인 영향을 미치는 셈이다.

이와 관련해 건강프로그램 〈생로병사의 비밀〉에서 밝힌 충격적인 사실에 주목해볼 필요가 있다. 이 프로그램이 언급한 바에 의하면, 한국인이 1년 동안 섭취하는 식품첨가물의 총량이 무려 25kg에 육박한다. 1년에 쌀 한 가마니를 넘어서는 양의 식품첨가물을 매해 섭취하고 있다니 도무지 믿어지지 않는 대목이다. 그렇다면 대체 이 많은 식품첨가물은 어디서 온 것일까?

많은 이들이 식품첨가물이라고 하면 MSG와 같은 대표적인 화학조미료만 떠올린다. 하지만 가공식품에는 표백제, 발색제, 착색료, 감미료, 보존료 등 수많은 종류의 식품첨가물이 대량으로 사용된다는 것을 아는가?

많은 전문가들이 가공을 거치지 않은 자연식을 입이 닳도록 강조하는 것도 이 때문이다. 그렇다면 왜 전문가들은 첨가물을 위험하다고 말하는 것일까?

그것은 이 첨가물들이 해독 기관의 과부하라는 치명적인 인체 손상을 불러오기 때문이다. 이 첨가물들은 인체 친화적이지 않은 유해물질인 만큼 체내로 들어오면 반드시 해독 과정을 거쳐야 하는데, 그 양이 많으면 해독기관이 과부하로 손상되어 몸 안에 더 많은 독소가 쌓이게 되는 것이다.

식품첨가물 음식을 장기간 섭취한 이들에게서 공통적으로 높은 간수치가 발견되는 것도 이 때문이다. 간은 인체 최대의 생화학 공장이라 불릴 만큼 많은 독소 처리를 담당하는데, 간수치란 간의 세포가 죽고 재생되는 수치로서 정상적인 간수치는 40 미만인 반면 장기적으로 인스턴트와 패스트푸드를 섭취한 이들의 경우 그 두 배 내지 3배를 상회한다.

간수치가 높다는 것은 간의 세포들이 재생하는 것보다 죽는 것이 많다는 의미인데, 이런 상황이 장기화될 경우 간의 기능이 떨어지거나 심할 경우 심각한 간 질환으로 발전할 수 있다.

실로 위의 〈생로병사의 비밀〉에서 추적한 장기 패스트푸드 섭취자들은 공통적으로 무기력증, 두통, 피로감 등을 앓고 있었는데, 모두가 바로 간의 손상에서 오는 증상들임을 볼 때 식품첨가물이 인체 해독 기관에 미치는 영향이 얼마나 지대한지를 알 수 있다.

독소 식탁을 피하는 습관

그렇다면, 조금만 신경 써서 매뉴얼을 정해놓으면 식품첨가물이 최대한 적은 식품을 고를 수 있다면 어떨까? 건강한 식단을 만들고자 하는 작은 노력들이 우리 수명까지 좌우하는 시대, 식품첨가물을 피하고 싶어도 처음부터 완벽히 피할 수는 없다면 장을 보고 식품을 고르는 습관을 하나씩 고쳐갈 필요가 있다.

가장 먼저 냉장고와 싱크대를 열어서 이 조미료나 식재료들이 정말로 꼭 필요한가를 따져봐야 한다. 특히 한 단계라도 가공 과정을 거친 식품은 식품첨가물로부터 안전하지 않다. 과자나 음료, 아이스크림 류는 물론이고, 매끼 식탁 위에 오르는 두부나 어묵, 게맛살, 햄, 소시지 같은 식품도 알고 보면 식품 첨가물 양이 적잖다.

기본적인 양념인 간장이나 된장, 고추장도 예외는 아니다. 집에서 직접 담근 것이 아니라면 된장의 경우 합성보존료인 소르빈산칼륨 등의 첨가물이 포함되어 있고, 간장도 원료 표시에 '탈지가공대두' 가 포함되어 있다면, 기름을 짜고 남은 대두에 각종 첨가물로 맛을 낸 '가짜 간장' 이라고 봐야 한다.

이처럼 식품마다 다르지만 적게는 3~4가지가 들어가는가 하면 많게는 20~30가지가 들어가는 상황에서 가벼운 주머니와 바쁜 시간을 탓하기보다는, 이 재료들이 없이도 충분히 음식을 만들어 먹을 수 있도록 요리 습관을 바꿔야 한다. 맛이 문제라면, 몇 번을 시도해서 맛을 조정하겠다고 결심하고 이 첨가물 덩어리들을 과감하게 처분하자.

● 포장에 적힌 표기 내용 꼼꼼히 읽기

장보기가 일상이 된 주부들의 경우는 포장 뒤에 적힌 표기 내용을 꼼꼼히 살피기가 쉽지 않다. 고작해야 유통기한과 가격 정도 본다. 하지만 앞으로는 의식적으로라도 뒷면의 제품 표기 내용을 살펴 들어보지 못한 첨가물들이 많은 제품은 무조건 빼고, 본 제품의 순수 내용물 외에 뭔가가 많이 들어있는 제품 역시 덜어낸다. 어쩔 수 없이 그 제품을 사더라도, 이처럼 내용물을 아는 것과 모르는 것은 다르다. 제품의 성분을 충분히 인식하는 것이 습관화되면 앞으로도 더 안전한 제품을 찾아내기 쉽다.

● 덜 가공된 제품 고르기

모든 제품을 날것으로 살 경우 바쁠 때 해먹기가 힘들다. 최대한 집에서 썰고 볶고 해먹되, 만일 그러지 못한 경우는 가공도가 최대한 낮은 것을 사자. 허기지다고 삼각 김밥이나 냉동볶음밥을 살 경우, 이는 생쌀과 비교할 때 가공도가 훨씬 높은 제품이다. 당연히 화학조미료도 많이 첨가되어 있다. 꼭 허기를 메워야겠다면 차라리 가공도가 상대적으로 낮은 포장 밥을 사자. 마찬가지로 다른 음식들도 손이 더 거쳤나를 보고, 좀 불편해도 첨가물 섭취량을 줄일 수 있는 것을 고르도록 한다.

마지막으로 싼 가격을 조심해야 한다. 누구나 어떤 물건을 싸게 사면 기분이 좋다. 하지만 음식에서도 대부분은 '싼 게 비지떡'이다.

같은 간장도 식품첨가물을 잔뜩 넣고 대두 찌꺼기로 만든 것은 단가가 그만큼 싸다. 또 같은 고기 한 근이라도 식품첨가물로 물과 고기를 섞어 중량을 불린 가공 햄은 순수 고기보다 단가가 낮다. 이 제품들은 질을 떨어지는 재료를 쓰는 대신 식품첨가물을 사용해 그럴 듯하게 포장한 것이다. 심지어는 생수조차도 수돗물을 정화시켜 거기에 미네랄을 첨가한 제품은 단가가 낮을 수밖에 없다. 물건을 살 때 싼 제품에 유혹을 느낀다면, 가장 먼저 '왜 이 제품은 이렇게 가격이 쌀까'를 고민해보자.

4) 해독주스에 들어가는 과채는 무엇이 있나요

해독주스에 들어가는 야채와 과일은 총 6가지이다. 하고 많은 야채와 과일 중에서 어째서 이 야채와 과일들이 선택된 것일까? 다음은 해독주스를 완성시키는 6가지 과일과 야채의 유용성을 살펴본 것이다. 이 부분을 꼼꼼히 살펴 해독주스에 대한 이해를 도모해보자.

① 항산화 물질이 풍부한 양배추

: 양배추는 올리브와 더불어 세계 3대 장수 식품으로 꼽힐 정도로 효능이 풍부한 야채로서, 무엇보다도 손쉽게 구할 수 있고 가격 또한 저렴하다.

양배추에 함유된 대표적인 물질로는 글루타민이 있다. 글루타민은 아미노산의 일종으로 근육 대사에서 생성되는 피로물질인 젖산을 해독하여 몸 밖으로 배출하는 역할을 한다. 또한 양배추에는 위궤양을 막는 물질로 알려진 비타민U 역시 풍부하다. 이 두 물질은 삶거나 데칠 때 흡수율이 높아지는 것으로 알려져 있다.

또한 섬유질이 풍부해 장 운동을 활발하게 해주어 변을 부드럽게 해주고 변비를 해소하는 데 효과적이며 100g당 31kcal 낮은 열량으로 다이어트에도 도움이 된다.

나아가 양배추는 강력한 항암 효과로도 유명하다. 양배추에는 암을 예방하고 공격하는 생화학물질이 무려 200여 가지 이상 함유되어있고 글루코시노레이트 성분이 유방암, 난소암 자궁경부암, 폐암, 대장암, 전립선암의 발병률을 저하시켜준다. 또한 풍부한 섬유질로 허혈성 뇌졸중을 예방하고 발암물질을 제거한다.

② 항암 작용의 황제, 브로콜리

: 브로콜리에 다량으로 함유된 비타민 U는 위장을 튼튼하게 해준다. 나아가 비타민K가 몸 안의 칼슘이 체외로 빠져나가는 것을 막아주고 관절에 좋은 '황' 성분이 다량 함유되어 골다공증을 예방하며, 풍부한 셀레늄 성분이 노화를 촉진시키는 활성산소를 중화시키는 항암 작용을 한다.

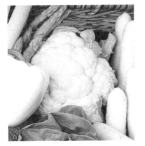

브로콜리에 풍부하게 함유된 셀레늄 성분도 면역체계를 강화해 암 등의 질병을 예방하고 성장발육을 촉진시킨다.

비타민C, 비타민A, 비타민K, 엽산, 섬유질 등이 풍부하고, 칼륨, 마그네슘, 비타민B6, 비타민E 함량도 높다. 항암 효과가 있는 글루코시놀레이트와 루테인을 함유하고 있고, 인돌-3-카비놀이 유방암과 전립선암의 암세포 성장을 막아준다.

또 간의 해독 능력을 증가시키고, 설포라페인 성분이 위궤양과 위암의 원인이 되는 헬리코박터균을 제거한다.

③ 최고의 항산화제, 토마토

: 토마토는 뉴욕타임스에서 선정한 세계 10대 건강 음식 중에 하나로, "토마토가 빨갛게 익으면 의사들 얼굴이 파랗게 질린다."는 서양속담이 있을 정도로 건강한 야채로 알려져 있다.

토마토의 대표 유효 성분은 라이코펜이라는 성분으로 활성산소 생성을 막아주어 세포를 젊게 해줌으로써 암을 예방하며, 특히 전립선암, 유방암, 대장암 등 소화기 계통의 암을 예방하는데 탁월한 효과가 있는 것으로 알려져 있다.

뿐만 아니라 다른 채소나 과일에 부족한 비타민 B가 풍부해 스트레스를 받을 시 고갈되는 비타민 B를 보충하여 스트레스 해소를 도우며 토마토에 포함된 칼륨이 과도한 염분을 몸 밖으로 배출시켜 고혈압을 예방한다.

또한 비타민K가 칼슘 손실을 막아 골다공증 및 치매 예방에도 도움이 되며, 칼로리가 낮고 식이섬유가 풍부하여 섭취 시 쉽게 포만감을 느끼게 해주어 다이어트와 변비 예방에도 도움이 된다.

빨갛게 익을수록 라이코펜 양이 많은 만큼 완숙으로 먹도록 하고. 열을 가하면 영양분의 체내 흡수율이 높아지므로 끓는 물에 살짝 익히거나 기름과 함께 섭취해 흡수율을 높이도록 한다.

④ 카로틴의 보고, 당근

: 당근은 비타민 A와 철분이 조혈 작용을 도와 빈혈을 예방해준다. 하지만 당근의 가장 큰 효능 성분은 뭐니 뭐니 해도 베타카로틴이다.

베타카로틴 성분이 풍부한 당근은 위장의 기능을 향상시키는 데 도움을 주고 면역 체계를 강화시켜 각종 질병을 예방한다.

나아가 베타카로틴 성분은 체내에서 비타민 A로 바뀌어 시력 보호를 돕고 로돕신을 생산해 야맹증을 개선한다. 풍부한 식이섬유도 당근의 효능을 강화한다.

펙틴 성분이 대변을 무르게 하고 대장 연동 운동을 촉진해 장 속 유익균을 증식시키고 나쁜 균은 억제하며, 중금속과 발암물질을 흡착 배출해 대장 건강을 개선한다.

또한 카로틴 성분이 활성 산소로부터 세포막과 유전자가 산화되는 것을 막고 식도암, 대장암, 후두암, 폐암, 피부암, 유방암, 자궁암 등을 예방하는 것으로 알려져 있다.

또한 알카리성 성분으로 피를 맑게 하고 칼륨이 나트륨을 배출해 혈압을 낮추어주며, 펙틴 성분이 콜레스테롤을 배출해 동맥경화를 예방한다.

　마지막으로 카로틴은 활성산소를 낮춰 폐 기능을 강화하고 흡연 폐해를 줄여준다.

　⑤ 면역력의 과일, 사과

　: 아침에 사과 한 알이면 질병 없이 장수한다 는 말이 있을 정도로 사과는 건강에 도움이 되는 과일로서, 풍부한 비타민 C와 펙틴, 칼륨 등의 무기질과 섬유질이 풍부하다. 특히 껍질 부분에는 풍부한 항산화 물질이 함유되어 있어 면역 체계를 강화하는 효과가 있다.

　특히　식이섬유인 펙틴은 대장암을 예방하는데 유익한 지방산을 증가시키며, 고기를 먹을 때 증가하는 지방질을 흡착해 변을 통해 체외로 배출하는 기능을 한다.

　우리 몸의 장이 산성화되면 나쁜 균이 늘어나기 쉬운 환경이 된다.

　이때 펙틴은 장을 약산성으로 유지시켜 나쁜 균의 증식을 억제하는 데 도움을 준다.

또한 펙틴은 끈끈한 성질이 있어 장내의 수분을 흡수해 크게 부풀림으로써 변을 부드럽게 해 배변을 촉진한다.

빨간 사과는 폴리페놀 성분도 풍부하다.

이 성분은 대장 내 머무르는 동안 장 내의 항암물질 생산을 돕는 것으로 알려졌다.

⑥ 밥만큼 든든한 과일, 바나나

: 바나나에는 섬유질, 리보플라민, 마그네슘, 비오틴, 탄수화물 뿐 아니라 비타민A, 비타민C, 비타민B 군이 풍부하다. 바나나는 혈압을 치료하는데 탁월하며, 아스피린과 같은 약의 독성을 낮춰 주는 해독 작용도 한다.

또한 바나나에 들어있는 식이섬유는 양이 많고 부드러운 대변을 유도하여, 설사와 변비를 동시에 예방하는 효과가 있다. 다량의 펙틴 성분 또한 박테리아 성분을 증식시켜 대변의 형성을 촉진시키는 설사 예방효과를 갖고 있으며, 헤미셀룰로즈(Hemicellurose)가 장의 운동을 촉진시키고 대변을 물렁하게 만드는 변비예방작용을 한다.

나아가 바나나는 수분을 제외한 80%가 탄수화물인 만큼 열량으로 빠르게 전환되어 밥 만큼 든든한 과일이기도 하다.

tip

해독주스 만드는 법은

① 해독주스에 사용할 재료 선별

: 해독주스에는 양배추, 브로콜리, 당근, 토마토, 사과, 바나나가 필요하다. 이중에 사과와 바나나는 익히지 않은 날것으로 함께 갈아 섭취하며, 나머지 야채는 익혀서 섭취한다.

② 네 가지 재료를 잘게 썰어 준비

: 사과와 바나나를 제외한 나머지 4가지 재료를 대략 10분 안에 익힐 수 있는 크기로 잘게 썰어 준비한다. 일반적인 깍둑썰기를 생각하면 된다. 즙이 많은 토마토 썰기가 용이하지 않다면 방울토마토를 통째로 준비한다.

③ 잘게 썬 재료를 냄비에 넣고 끓인다.

물의 양은 재료들이 살짝 잠길 정도로 한다. 끓이는 시간은 10~15분 정도가 좋다.

④ 삶은 채소를 체에 걸러 식힌다.

삶은 채소 건더기만 체에 거른다. 이때 국물은 다양한 유용 영양소가 녹아 있는 만큼 버리지 말고 채소를 갈 때 함께 넣어 섭취하도록 한다.

⑤ 삶은 채소에 생 바나나와 사과를 썰어 넣고 믹서기에 함께 갈아낸다.

바나나와 사과를 생으로 넣는 이유는 채소를 삶을 때 파괴되는 비타민 C와 효소를 보충하기 위해서이다. 갈아내는 재료의 양은 각각 1:1이 적합하지만 취향에 따라 단맛이 나는 사과나 바나나를 더 넣어도 좋다.

⑥ 과일초나 요구르트와 함께 섭취한다.

만들어진 해독 주스는 약간 되직한 질감으로 과일초나 요구르트와 함께 섭취하면 더 좋은 풍미를 즐길 수 있다. 또는 아침식사 대용 죽으로 섭취해도 좋다.

4장

전문가가 밝히는 해독주스로
디톡스하는 법

1) 준비와 계획이 중요하다

건강을 챙기겠다고 마음을 먹는 일은 누구나 할 수 있다. 그러나 그것을 행동으로 실천하는 것은 또 다른 문제다. 그 실천을 곧바로 옮기는 사람이 있는가 하면, 내일로 미루다가 처음의 결심을 잃는 사람도 있다.

그렇다면 어째서 사람들은 건강을 챙기겠다는 결심을 포기하게 되는 것일까?

건강은 일종의 정기적금과 같다. 정기적금은 한꺼번에 많은 돈이 모이지 않는다. 매달 일정 금액을 납입하면 그것이 합쳐지고 이자가 붙는다. 건강도 마찬가지이다. 오늘 내가 건강을 생각해 인내심을 발휘한 부분, 일상적으로 행동한 무엇이 모여서 큰 결과를 낳는다. 심지어 건강에도 이자가 있다. 건강한 삶을 하루하루 쌓아가다 보면, 그것이 하나의 습관이 되어 작은 유혹에 무너지지 않는 뚝심을 얻게 된다.

먼 미래를 생각하며 벌써부터 스트레스를 받기보다는 오늘 내가 실천할 수 있는 일들의 작은 목록을 짜보자. 그중에서 곧바로 실천할 수 있는 것부터 하나씩 해나가면 심적 부담을 줄이면서도 오래 유지할 수 있는 장기적 플랜이 생기게 마련이다.

한번 실패했다고 절망하지 않아야 한다

아무리 큰 결심을 세웠다 하더라도 그 결심을 한결 같이 유지하는 것은 쉽지 않다. 인간은 관성의 동물이다. 10년간 담배를 피워온 흡연자가 단박에 담배를 끊는 일이 쉽지 않듯이 건강하지 않은 습관을 유지해온 사람이 결심만으로 건강한 습관을 일상화하기는 쉽지 않다. 때문에 어러 상황으로 인해 노력 끝에 세웠던 계획을 지키지 못했다고 해도 크게 절망해서는 안 된다.

한 번 계획을 어겼다고 그 계획이 끝나는 것은 아닐뿐더러, 그것을 되돌릴 수 있는 길은 얼마든지 있다. 오늘 실패는 오늘 것으로 두고, 다시 심기일전하는 마음가짐만 있으면 얼마든지 애초의 다짐을 다시 세울 수 있다.

아무것도 하지 않는 것보다는 하는 것이 낫다

대부분의 사람들은 건강 챙기는 일을 어렵게 생각한다. 운동하는 일조차도 운동복을 챙기고 썬크림을 바르고 헬스클럽에 가야 한다고 믿는다. 식단을 짜는 일도 마찬가지다. 건강 식단을 짜려면 손이 많이 가는 음식들을 분주하게 해 먹어야 한다고 믿는다.

실상은 그렇지 않다. 어떤 계획을 이루려면 자신의 현실에 맞게 이를 개량하는 현실성이 필요하다. 헬스클럽을 갈 수 없다면 걷기라도 하는 것이 안 하는 것보다 낫다.

완벽하게 건강한 식단이 어렵다면 몸을 해독하는 해독주스를 한두 잔 마시는 쪽이 훨씬 낫다. 아무것도 하지 않는 것보다는 하는 것이 낫다는 생각으로 가벼운 일부터 시작해보자.

2) 일상을 점검하면 효과는 두 배

앞서 살펴보았듯이 해독주스는 다양한 질환들을 예방하고 치료하는 데 도움을 준다. 그 만드는 법도 어렵지 않은 만큼 일상 속에서 쉽게 도전해볼 수 있는 건강법이다. 나아가 일상 속의 작은 습관들을 바꾸면서 해독주스를 함께 섭취하면 더 좋은 결과를 볼 수 있다.

식단을 점검하라

해독주스는 몸의 독소를 제거하는 데 탁월한 효과가 있다. 한편 해독주스를 마시겠다고 결심한 이후 매일 먹는 식단을 조금씩 바꿔나가면 훨씬 큰 시너지를 얻을 수 있다. 지나친 육식을 삼가고 가공되지 않은 음식을 섭취하는 정도만 식단을 바꿔도 해독주스만 마시는 것 이상의 효과를 볼 수 있는 만큼 식단 점검에도 신경 쓰도록 하자.

가벼운 운동도 하라

딱히 운동에 많은 시간을 내기 어렵다면 작은 실천부터 하자. 걸어 다닐 수 있는 거리는 차를 타는 대신 걷고, 엘리

베이터 대신 계단을 오르내리는 등 일상 속에서 할 수 있는 운동이 생각보다 많다.

가벼운 운동은 장기적으로 지속되면 무리한 운동보다 훨씬 건강에 도움이 될 뿐 아니라 몸의 순환 기능을 높여 해독주스의 효과를 더 크게 느낄 수 있다.

긍정적인 마음으로 하자

좋은 음식을 먹고 가벼운 운동을 하면 마음의 상태도 바뀐다. 반대로 긍정적인 사고가 몸의 활력을 높여주기도 한다. 우리의 마음은 몸 상태와 직결되어 있는 만큼 매사에 긍정적인 생각을 할 수 있도록 노력하자. 실로 한 번 크게 웃는 것만으로도 몸 안의 독소를 어느 정도 제거하고 대사량을 늘릴 수 있다. 크게 웃고 즐거워하는 마음이 건강의 기본임을 잊지 않아야 한다.

3) 건강한 사람도 해야 한다

소 잃고 외양간 고친다는 말이 있다. 건강을 잃는 것도 이와 같다. 자신의 건강이 위험에 처해 있다는 것을 알면서도 건강한 생활을 하겠다고 결심하지 않는 이들이 부지기수다. 최근 우리 건강의 화두는 질병의 치료가 아닌 예방에 맞춰져 있다. 일단 질병이 발생한 뒤에 지불해야 하는 각고의 노력과 고통을 생각하면 질병이 발생하기 전에 예방하는 편이 훨씬 현명하다는 것이다.

인간은 누구나 질병에 걸릴 수 있다

인간에게 노화는 필연적인 운명이다. 젊을 때는 결코 병에 걸리지 않으리라는 자신감이 있지만 인간은 누구나 늙고 질병에 걸릴 수 있다는 것은 변하지 않는 진실이다. 건강은 건강할 때 지켜야 한다는 말처럼, 건강할 때 더 많은 건강 저축을 해놓은 사람이 늙어서도 건강할 수밖에 없다. 언젠가는 내 몸도 노화가 진행되고 아픈 곳이 생길 수 있다는 사실을 염두에 두고 미리 질병을 예방할 수 있는 방안을 살펴봐야 한다.

건강은 먹는 것에서 시작 된다

인간의 몸은 무엇을 먹느냐에 따라 달라진다. 그 말은 즉

슨 식단을 바꾸는 것만으로도 건강한 신체를 유지하는 일
이 가능하다는 것이다. 오늘 내가 먹는 음식을 주의 깊게
살펴보고, 여기서 무엇이 부족하고, 무엇이 넘치는지를 살
피는 습관은 평생 건강을 지켜내는 첫 단추가 된다.

부족한 부분은 채워라

바쁜 현대사회에서 훌륭한 식단을 매일 갖추기도 사실상
쉽지 않다. 이때 우리가 할 수 있는 최선의 방법은 부족한
부분을 채우는 것이다. 많은 이들이 영양제나 건강기능식
품을 섭취하는 것도 이와 연관이 있다. 특히 현대생활은 독
소 물질이 넘쳐나 독소로 인한 질병이 만연하는 시대이다.
따라서 독소를 제거하는 해독 식품을 충분히 섭취하는 것
만으로도 어느 정도 질병의 가능성을 낮출 수 있다.

4) 해독주스, 선별해서 이용하자

해독에 대한 관심이 높아지면서 다양한 해독 방법들이
제시되고 있다. 대표적으로 알려진 것들을 살펴보면 단식,

관장, 식이요법 등이다.

모두가 그 효험이 인정된 것들로 해독을 원하는 현대인들에게 각광을 받고 있으며, 기회가 있다면 이 다양한 요법을 실행해보는 것도 좋을 것이다. 다만 당장 시작할 수 없는 상황이라면 우선 식단의 정비가 필요하다.

간편하게 하루 두 잔으로 해독을 돕는다

해독주스 섭취는 지금껏 많은 이들이 직접 섭취하고 효과를 증명해온 권위 있는 해독 요법이다. 심지어 많은 유명 연예인들조차 이를 다이어트와 해독 방법으로 사용했을 정도이다. 그 방법도 간편해 하루에 두 잔 꾸준히 섭취하기만 하면 된다. 이 간단한 방법만으로도 해독을 기대할 수 있는 만큼 해독주스는 바쁜 현대인들에게 적절한 해독 요법으로 볼 수 있다.

시중에 나온 것을 적극 이용하자

해독주스를 만드는 방법은 어렵지 않지만 바쁜 생활 때문에 그마저도 쉽지 않다면 시중에 나온 해독주스를 적극적으로 이용해볼 필요가 있다.

최근 해독주스의 효능이 하나둘 밝혀지면서 많은 전문 회사들이 해독주스 제품을 내놓고 있다. 해독주스는 과채를 일정한 비율로 제조하듯이 만들어진다는 면에서 전문적으로 해독주스를 만드는 회사들의 제품은 그 효과 면에서 기대할 만하다. 또한 이 제품들은 신선하게 제조되어 일정량씩 포장되어 있는 만큼 편의성 또한 높다.

좋은 제품 고르는 법

TV, 라디오, 신문, 인터넷, 인쇄물 등에 많은 해독주스 제품들이 나와 있는 만큼 충분히 살펴보고 제품을 골라야 한다. 무조건 효능 또는 효과가 있다고 과대 광고하거나, 소비자를 오인시킬 수 있는 문구가 있는지, 신선하고 안전한 재료를 사용하는지, 제품의 가격은 합리적인지, 공정 과정은 안전한지 등을 살펴보고 자신에게 맞는 제품을 고르자. 이때 명심할 것은 어떤 제품을 골랐건 꾸준히 섭취하는 일이 중요하다는 점이다. 해독주스는 단기간에 효과를 내는 화학 약제가 아닌 만큼 조급한 마음을 버리고 서서히 나타나는 몸의 변화에 주목하도록 하자.

5) 해독주스 음용시 나타나는 호전반응은 면역력 회복의 신호다

인간은 누구나 몸속에 노폐물을 쌓아두고 산다. 아무리 건강한 삶을 추구해도 정신적인 스트레스, 나아가 다양한 오염 환경을 경험할 수밖에 없기 때문이다. 상황이 이렇다 보니 최근 들어 딱히 병명을 알 수 없는 다양한 질병을 앓는 사람들이 늘고 있다.

해독주스는 이 같은 질병들을 몸 밖으로 밀어낼 때, 다양한 증상들을 동반한다. 평소 아프지 않았던 부분까지도 통증을 느끼며 내외부의 질병들이 직접적으로 표출되며 노폐물이 빠져 나오는 것이다. 때문에 자기 질병을 알고 있는 사람들은 물론 평소 자신이 건강하다고 생각했던 사람들도 이 호전반응을 겪고 놀라는 경우가 있다.

다양한 호전반응들

호전반응은 그 종류가 아주 다양해서 아주 오래전에 경험했던 질병이나 상처가 도지기도 하고, 또는 평소에는 인식하지 못했던 잠재적인 질병이 드러나기도 하는데, 체내에 독소가 많거나 평소에 동물성 지방, 당분, 자극적인 음식물을 선호했던 사람, 식품 첨가물이나 화학적 약품 등을 많이 섭취했던 사람의 경우 잠재적인 질병자로서 호전반응이 더 강하게 일어나게 된다. 반면 체내 노폐물이 많지 않고 식생활이 건강한 경우에는 호전반응도 약하게 일어난다. 대체로 호전반응의 종류는 다음과 같다.

호전반응	질병상태
나른하고 졸립고, 목과 혀가 건조하다. 빈뇨, 방귀가 있을 수 있다.	산성체질자
머리가 무겁고 어지러운 증세가 1~2주 지속되며 무기력감을 느낀다.	고혈압환자
가벼운 코피가 날 수 있다.	빈혈이 있는 상태
가슴이 답답하고 미열이 있고 식욕이 떨어진다.	위기능 쇠약 상태
궤양 부위가 아프고 답답하다.	위궤양이 있는 경우
위 부위가 답답하고 구토가 인다.	위하수 상태
설사를 한다.	장질환자
구토가 일고 피부가 가렵고 발진이 생길 수 있다.	간기능 쇠약자
대변에 피와 핏덩어리가 섞여 나오는 경우가 있다.	간경화증
얼굴이 붓고 다리 부분에 가벼운 부종이 나타난다.	신장병
배설되는 당분 농도가 일시적으로 증가하고, 손발이 붓고 무기력하다.	당뇨질환자
초기에 더 심해지다가 사라진다.	여드름이 있는자

호전반응	질병상태
대변에 피가 섞여 나올 수 있다.	치질이 있는 자
입안이 마르고 구토가 일며, 어지럽고 가래가 끓는다.	만성기관지염
가래 양이 많아지고 가래 색이 노란빛을 띤다.	폐기능쇠약자
콧물이 늘고 진해진다.	축농증 환자
피부 가려움증이 잠시 나타난다.	피부과민자
잠들기가 어렵고 쉽게 흥분한다.	신경과민자
입이 마르고 꿈을 많이 꾸고 위가 불편하다.	백혈구 감소자
환부가 더 아프다.	신경통이 있는 상태
무력감이나 통증이 찾아온다.	통풍질환자
온몸이 무력하고 통증이 느껴지지만 2~3일이면 사라진다.	생리통있는 상태

그렇다면 이처럼 다양한 호전반응은 왜 일어나는 것일까? 왜 호전반응을 몸이 회복되는 신호로 받아들이라고 하는 것일까?

호전반응은 면역력 회복의 신호다

우리 몸의 세포에는 외부요인과 체내요인 등으로 생성된 다양한 피로물질과 유해물질이 포함되어 있다. 이럴 때 해독을 시도하면 세포와 혈액의 정화가 이루어지면서 혈류가 회복되고, 이처럼 피가 잘 흐르면 혈관이 확장되어 혈액 속의 피로물질과 유해물질이 밀려나면서 몸 안의 특정 부분, 또는 구석구석에 통증을 일으키게 된다.

이때 대부분의 사람들은 이 통증을 부작용이라고 판단해 놀라곤 하는데, 단언컨대 이런 통증은 오히려 반가워해야 할 건강한 반응이다.

한 예로 한의학에서는 나병이 무서운 이유를 아픔을 느끼지 못하기 때문이라고 말한다. 통증을 느낀다는 것은 상처 위에 새살이 돋는 것처럼 우리 몸이 재생능력을 가졌다는 것을 의미한다.

이 때문에 전통적인 나병 치료는 환자의 아픔을 회복시켜줌으로써 증상을 완화하는 것이 기본이었다.

즉 아픔이 너무 적다면 그 회복 역시 더딘 것이며, 아픔을 느끼게 해줌으로써 오히려 회복의 길을 열 수 있는 셈이다. 따라서 일상적인 통증에 곧바로 약을 먹어 통증을 다스리는 일반적인 상식은 오히려 호전반응을 일으켜 몸을 치유하려는 우리 몸의 재생능력을 차단하는 일이 된다.

해독주스를 마실 때도 마찬가지이다. 해독주스를 마신 많은 이들이 다양한 호전반응을 겪는데, 이런 반응들은 내 몸이 아직도 강인한 치유력을 가지고 있음을 보여주는 반증이자, 올바른 식습관과 생활습관으로 그 치유력을 높일 수 있다는 점을 시사한다. 따라서 호전반응이 나타나면 놀라지 말고 이를 내 몸이 회복될 수 있는 기회로 받아들이고, 앞으로도 꾸준히 건강한 습관들을 유지할 필요가 있다.

5장 해독주스, 무엇이든 물어 보세요

Q : 해독주스는 얼마나 오래 마셔야 효과를 볼 수 있나요?

A : 일반적으로 해독주스는 최소 3~6개월 이상 마셔야 어느 정도 효능을 확인할 수 있습니다. 하지만 증상이 좋아졌다고 무리를 하거나 식단이 흐트러지면 다시금 독이 쌓이게 됩니다. 독소는 다양한 경로로 들어와 항상 우리 몸에 쌓이는 것인 만큼 기간에 연연하지 않고 해독주스를 섭취하는 것이 건강에 훨씬 도움이 됩니다.

Q : 해독주스는 언제 어떻게 마시는 것이 가장 효과가 좋은지요?

A : 해독주스는 하루에 두 번, 식사 30분 전 또는 30분 후

에 마시는 것이 좋은데 포만감을 통해 체중 감량을 유도하는 중이라면 식사 전이 좋을 것입니다. 마시는 양은 일반적으로 200cc가 가장 이상적이라고 알려져 있지만 과도한 스트레스를 받고 있거나 술 담배가 잦은 경우 그 두 배 이상, 만일 질병 치료에 도움이 되고자 하는 목적이라면 1L 정도의 양을 섭취해도 좋습니다.

Q : 아기나 노약자, 임산부도 음용할 수 있나요?

A : 해독주스는 부작용이 없는 순수 천연 주스로서 아이의 이유식이나 노약자의 유동식으로 적합합니다. 또한 장이 약한 아이들의 경우 생야채를 많이 먹일 경우 탈이 나기 쉽지만 해독주스는 한번 익혀서 나온 것으로 소화 흡수가 용이합니다. 다만 아이 이유식으로 맛이 부족하다면 요구르트나 단 맛이 나는 사과와 바나나의 양을 적절히 더해 갈면 섭취가 쉬워지며, 200cc가 정량인 어른과 달리 약 100cc를 여러 번 나누어 먹이는 것이 좋습니다.

또한 임산부도 해독주스를 섭취하면 변비를 막아주고 독소 배출을 도와준다는 점에서 큰 도움이 될 수 있으며 부작용이 없는 만큼 안심하게 드실 수 있습니다.

Q : 음용 시 부작용이 있나요?

A : 해독주스는 일반적으로는 부작용이 생기지는 않습니다. 그러나 과량을 섭취하거나, 드문 경우이지만 사람에 따라 이상반응(두통·설사 등)이 생길 수 있습니다. 또 호전반응을 부작용으로 오해하기도 합니다. 이는 인체에서 기능을 발휘하기 때문에 그에 따른 호전반응이 나타나는 것입니다. 음식을 섭취하지 않고는 생명을 유지할 수 없습니다. 그리고 독성이 없는 음식을 먹었을 때도 위생상의 문제나 체질에 맞지 않다거나, 급하게 많이 먹어서 소화기관에 과중한 부담을 주어 탈이 나는 경우가 있습니다. 마찬가지로 해독주스도 이와 같은 차원의 문제가 발생할 수 있습니다. 만약 견디기 힘드시다면 의사나 전문가에게 문의하시면 됩니다.

Q : 해독주스를 마신 뒤에 오히려 더 피곤하게 느껴집니다. 무슨 문제가 있는 걸까요?

A : 해독주스에는 다양한 항산화 물질과 해독 물질이 풍부합니다. 이 물질들은 체내로 흡수되어 독성 물질과 결합해 몸 밖으로 배출하는 역할을 합니다. 이때 한꺼번에 많은 양이 혈액을 통해 빠져나가면서 일시적으로 무력감이나 피로 상태가 유지되는 경우가 있습니다. 한 예로 여드름이 심한 분들의 경우 해독 작용이 시작되어 피부 혈관으로 독소가 배출되면서 일시적으로 여드름이 더 심해지는 경우가 있습니다. 이는 일종의 호전반응으로서 시간이 흐르면 점차 나아집니다. 다만 불편하다면 조금씩 양을 조절하다가 상태가 안정되면 다시 정량을 섭취하시면 됩니다.

Q : 차갑게 마시거나 데워서 마셔도 좋은가요?

A : 물과 마찬가지로 해독주스도 너무 차갑거나 뜨겁지 않게 미지근하게 드시는 것이 좋습니다. 특히 냉장고에 오래 넣어두어 너무 차가운 상태로 마실 경우 위의 흡수율이 떨어질 수 있습니다. 냉장고에 넣어둔 해독주스는 당분간 실온에 두어 일정한 온도가 되면 음용하십시오.

Q : 하루에 200cc가 정량이라고 하는데 더 마시면 안 되나요?

A : 처음에는 정량을 마시다가 어느 정도 익숙해졌을 때 양을 늘리는 것도 좋습니다. 특히 기름진 음식을 먹거나 회식이 있었거나 스트레스를 많이 받은 날에는 정량 이상의 양을 마시는 것이 그날의 독소 배출에 큰 도움이 되는 만큼 정량 이상의 양을 섭취하는 것이 오히려 도움이 될 수 있습니다.

해독주스가 내 몸을 지킨다

빠듯한 일정에 쫓기면서 제대로 된 식단 차려 먹기가 쉽지 않은 상황이다. 심지어 그저 배만 채우고 열량만 얻을 수 있다면 어떤 음식이든 좋다는 이들도 있다. 안타까운 일이 아닐 수 없다.

너무 바쁜 삶이 우리를 그렇게 만든 것이니 개개인을 모두 탓할 수만도 없다. 실로 며칠 동안 건강한 식단을 차렸다가도 바빠지면 그간의 노력이 수포에 돌아가고 다시금 불건전한 식생활을 반복하게 되는 일이 부지기수다.

하지만 이렇게 먹은 음식들은 하나 하나 내 몸에 독으로 쌓이고, 결국은 큰 질병으로 자라난다. 건강 지키기가 갈수록 어려워지는 것도 이처럼 시간에 쫓기는 현대 생활의 대가가 아닌가 싶다.

반면 식단을 소중히 여기는 사람들에게는 몇 가지 공통점이 있다. 그들은 '오늘 우리가 먹은 음식이 나 자신을 만든다' 는 음식에 대한 오랜 격언을 굳게 믿는 이들다.

이들은 먹는 음식이 우리를 바꾸고, 결과적으로 우리 삶을 바꾼다는 것을 알고 있는 것이다.

지금껏 우리가 살펴본 해독주스는 놀라운 효과로 독소에

사로잡힌 현대인들에게 희망이 되고 있다.

나아가 해독주스는 그저 몸 안의 독소를 빼내는 육체적 디톡스에 머물지 않는다. 매일같이 내 몸을 돌보고 그로 인해 건강해진다는 신념을 보여주기도 한다.

실로 건강은 우리 삶의 가장 중요한 화두다. 건강을 되찾으면 모든 것이 달라진다. 이 책에서 보여준 것처럼, 하루에 해독주스 두 잔으로 인생을 바꿀 수 있다면 어떤가?

이제 여러분 앞에 남겨진 몫은 '이 간단한 해법을 오늘 당장 실천할 것인가 말 것인가' 뿐이다.

건강이 보이는 건강 지혜를 한권의 책 속에서 찾아보자!

도서구입 및 문의 : 대표전화 0505-627-9784